MM.

Henissart, ancien secrétaire-général de la préfecture

Jurien, conseiller d'état, intendant des armées navales.
du département de la Lys, à Versailles.

Le Hodey, homme de lettres, chef au bureau de la
guerre, à Paris.

Lefebve (François), propriétaire à Coulogne.

Murescot du Thilleul, employé au ministère de la
marine.

Masclet, (le ch.) consul de France, à Liverpool.

Moréal de Brévans, lieutenant de gendarmerie, à
Dunkerque.

Podevin. propriétaire, maire de Pihen.

Parent-Réal, avocat au conseil d'état et à la cour de
cassation.

Pigault-Lebrun, homme de lettres, à Paris.

Parent, chef de bataillon, chevalier de la Légion
d'honneur, à Audruicq.

St.-Amour, juge-de-paix d'Audruicq, à Zutquerque.

Souville, ancien négociant à Paris.

Tournant, cultivateur, maire, à Sangatte.

Vaillant père, propriétaire à Boulogne.

Sociétés correspondantes.

Société royale et centrale, à Paris.

Société philothecnique, au palais des Arts, à Paris.

Société royale des arts, à Arras.

Société d'agriculture de Seine-et-Oise, à Versailles.

Société d'agriculture, à Dunkerque.

Société d'agriculture, du commerce et des arts, à
Boulogne.

Société d'agriculture, à St.-Omer.

PROCÈS-VERBAL

DE

LA SÉANCE PUBLIQUE

DE

LA SOCIÉTÉ D'AGRICULTURE,

DU COMMERCE ET DES ARTS DE CALAIS,

TENUE LE 18 NOVEMBRE 1823.

CALAIS,

IMPRIMERIE DE LE ROY FILS.

1824.

PROCÈS-VERBAL

DE LA SÉANCE PUBLIQUE

DE LA SOCIÉTÉ D'AGRICULTURE,

DU COMMERCE ET DES ARTS DE CALAIS,

TENUE LE 18 NOVEMBRE 1823,

LA Société s'est réunie à dix heures du matin, dans un des salons de l'hôtel-de-ville, d'où elle s'est rendue dans le local des séances du tribunal de commerce, que M. le Maire avait bien voulu mettre à la disposition des Commissaires de la Société, et qui avait été disposé convenablement pour la cérémonie.

La salle était remplie de citoyens notables, et de plusieurs dames qui embellissaient la fête par leur présence.

L'air chéri : *Où peut-on être mieux qu'au sein de sa famille*, exécuté par une société d'amateurs, annonça l'entrée des Autorités et du Président de la Société.

M. Quillacq, président, prend place au fauteuil, et fait placer à ses côtés M. le Maire et M. le baron Noos, lieutenant de roi.

Après avoir annoncé l'ouverture de la séance, il fait donner lecture par le Secrétaire, d'une lettre de M. le Sous-Préfet, par laquelle ce magistrat témoignait ses regrets à la Société, de ce qu'il se trouvait dans l'impossibilité, à raison de ses fonctions publiques, de venir présider la séance.

M. le Président prend ensuite la parole, et s'exprime en ces termes :

Messieurs,

A la peine que nous ressentons tous de ne pas voir au milieu de nous le premier fonctionnaire de cet arrondissement, se joint le regret que j'éprouve, en mon particulier, comme l'un des fondateurs de la Société, dont j'ai l'honneur d'être en ce moment l'organe, que M. le Sous-Préfet n'ait pu juger par lui-même du bon esprit qui nous anime.

Je lui aurais dit, qu'établie dans le but de contribuer à répandre autour d'elle l'instruction et les découvertes utiles, de propager les améliorations dans les divers procédés de l'agriculture de ce canton, de préparer les moyens de donner plus d'essor au commerce local , et de concourir, autant qu'il est en elle , aux progrès des arts et des sciences , la Société n'a rien négligé pour remplir en cela les vues bienfaisantes du gouvernement , et répondre à la bienveillance des autorités départementales et locales.

J'aurais ajouté que , si nous n'avons pas , comme nous l'aurions désiré, obtenu les résultats qu'on pouvait raisonnablement attendre de nos efforts réunis, nous éprouvons , au moins, la satisfaction de n'avoir jamais dévié de la ligne des devoirs que nous nous sommes imposés, ni enfreint, en quoi que ce soit, les dispositions du réglement constitutif de notre institution.

Que, forts de nos principes , nous n'avons d'autre ambition , nous n'avons en vue d'autre résultat que le bien public : C'est ce que j'aurais déclaré hautement au nom de mes collègues ; et l'on sait assez que je suis incapable de trahir la vérité avec connaissance de cause, ou pour aucun motif d'intérêt personnel.

J'aurais ajouté encore, que je priais M. le Sous-Préfet, en rendant compte de cette séance, d'entretenir M. le Préfet dans la bonne opinion qu'il a conçue de nous ; de lui dire enfin que, fiers de notre propre estime, jaloux de mériter la sienne, et de nous rendre dignes des encouragemens que

(6)

nous avons reçus du conseil-général du département, nous ne cesserons de prouver que la ville de Calais n'a pas de citoyens plus dévoués ; les lois, de Français plus soumis ; le Roi, de sujets plus fidèles que les membres qui composent cette association.

Voilà, Messieurs, ce que je me proposais de faire entendre à M. le Sous-Préfet, s'il nous eût fait l'honneur de venir présider cette séance. Mais, quoique absent, j'aime à croire que, recueillies avec soin, ces paroles lui seront transmises par M. le Maire de la ville, que j'ai la satisfaction de voir à mes côtés, et je lui demanderai en grâce d'être l'interprete et l'organe de nos sentimens ; de notre profession de foi.

M. *Tétut*, Secrétaire, fait le rapport des travaux de la Société depuis la dernière séance publique du 22 Octobre 1821.

« Messieurs, dit-il, c'est pour la troisième fois, depuis la restauration de la Société d'agriculture de Calais, que j'ai l'honneur d'être chargé de rendre compte du résultat de ses travaux.

Qu'il me soit permis de vous retracer d'abord en peu de mots l'analyse de ceux que cette Société a entrepris, et des succès qu'elle avait déjà obtenus à l'époque de la dernière séance publique ; moins pour rappeler aux hommes éclairés et impartiaux les avantages qu'elle a déjà procurés à Calais, que pour prouver aux plus incrédules, que des hommes qui, sans le moindre intérêt personnel, consacrent une partie de leur temps au bien public, ne sont pas des hommes inutiles à leur pays, et que ceux qui s'occupent uniquement et essentiellement d'améliorer le sort de leurs concitoyens, ne sauraient être ni des hommes dangereux pour l'ordre social ni des hommes suspects aux yeux du gouvernement.

Eh ! Quelle meilleure preuve en pourrions-nous donner, que la protection même que le gouvernement accorde aux Sociétés d'Agriculture ? C'est par le ministère lui-même que nous recevons directement la communication des travaux de la Société royale et centrale d'Agriculture de Paris ; c'est le ministre de l'intérieur qui nous envoie les graines et les plantes exotiques dont le gouvernement croit la propagation utile ; enfin, c'est par le gouvernement que sont autorisés les votes de fonds que le Conseil-Général du département émet chaque année pour l'amélioration de l'Agriculture, et dans lesquels la Société de Calais obtient une part, faible à la vérité, mais qui la met à-même de décerner des encouragemens et des prix aux cultivateurs du canton.

Que certaines personnes cessent donc de croire notre existence antipathique au gouvernement; que les fonctionnaires publics surtout, qui craindraient de se réunir à nous, ou qui s'en seraient éloignés sous le prétexte que les Sociétés libres déplaisent à l'autorité, se rassurent, en voyant que tout ce qui est bon et utile est toujours sûr de la protection et de l'appui du gouvernement légitime et paternel des Bourbons.

Mais, Messieurs, cette profession de foi que je viens de faire au nom de la Société, m'a éloigné de mon sujet, qui devait se borner à vous rendre compte des travaux de la Société, et je m'empresse d'y rentrer : heureux si je parviens à vous convaincre de l'utilité de la Société par des faits, plus encore que par des paroles, quelque vraies et sincères qu'elles puissent être, et à inspirer à tant de citoyens respectables qui nous manquent encore, le désir de venir s'associer à nos travaux !

Vous vous rappelez, Messieurs, que c'est aux pressantes sollicitations de la Société que la ville de Calais doit l'établissement de la découverte au-dessus de la porte du Hâvre, si utile à la navigation ; et celui non moins précieux du bateau de sauvetage : tel a été le début de cette Société dans la carrière de l'utilité publique.

C'est encore au nom de la Société qu'a été faite la première demande du beau buste d'Eustache de St.-Pierre, qui décore maintenant le balcon de l'hôtel-de-ville, et qui, en rappelant sans cesse aux Calaisiens l'un des plus beaux titres de leur gloire historique, suffirait pour les électriser, si jamais il se présentait une nouvelle occasion de montrer leur dévouement à leur Roi et à leur pays.

Si la Société à eu lieu de se féliciter de ses premiers succès et des encouragemens qu'elle a reçus de l'administration, elle a dù aussi redoubler de zèle pour les mériter, surtout dans des circonstances où des craintes mal fondées, mais qui prenaient leur source dans un système malheureusement trop suivi par ceux qui se prétendent exclusivement les amis du gouvernement, ont éloigné d'elle plusieurs de ses membres, parce qu'ils occupaient des fonctions publiques.

L'analyse que je vais avoir l'honneur de vous soumettre, prouvera, j'ose l'espérer, que la Société n'est pas restée au-dessous de la tâche qu'elle s'est imposée ; et que, depuis la dernière séance publique, elle a marché constamment vers le but d'utilité publique qui est l'unique objet de ses travaux.

Je diviserai mon travail en quatre parties ;

La première comprendra ce qui concerne l'Agriculture;

La seconde, le Commerce;

La troisième, les Arts;

La quatrième et dernière traitera de l'administration intérieure de la Société, et de divers objets communs aux trois branches de travaux dont elle s'occupe.

1re. PARTIE.——AGRICULTURE.

M. *Delaunay*, dans un Mémoire fort intéressant dont la Société a ordonné l'impression à ses frais, a rendu compte des moyens qu'il avait employés pour épurer la graine de lin, et des succès qu'il avoit déjà obtenus.

On sait que cet estimable négociant avait entrepris un voyage en Russie, dans l'intention d'étendre les relations commerciales de Calais avec les ports de cette contrée.

Voulant surtout propager la culture du lin dans nos cantons, il avait emporté avec lui des machines propres à épurer la graine de semence, qui n'arrive ordinairement en France que mêlée à plusieurs graines étrangères et sauvages. Il avait fait des expériences sur les lieux, sous les yeux de M. De Libessart, consul de France à Riga, que la Société a admis au nombre de ses membres correspondans, en reconnaissance des services qu'il a rendus à notre intéressant compatriote.

Déjà M. Delaunay avait obtenu de grands succès, puisque la même graine de lin qui avait déjà été passée dans les calendriers du pays, avait été purgée de nouveau par lui de 10 p. $\frac{o}{o}$ de graines sauvages et étrangères, en passant à l'épurateur français. Il se promettait de meilleurs résultats de ses expériences dans un second voyage qu'il projetait pour l'année suivante, et qu'il avait déjà annoncé comme certain dans son mémoire ; mais, ô fragilité des desseins des hommes! M. Delaunay ne devait plus retourner en Russie. La mort a moissonné au milieu de sa carrière cet homme que la fortune a rendu presque constamment malheureux, mais dont les vertus publiques et privées ont toujours mérité l'estime générale. La Société regrette en lui, et l'un de ses membres les plus utiles, et la perte des avantages que son intelligence et son activité pouvaient encore procurer à l'agriculture et au commerce du pays.

On se rappelle que dans la dernière séance publique, la Société avait fait un appel aux propriétaires et aux cultivateurs du canton pour les engager à remplir une souscription qu'elle avait ouverte dans son sein pour les frais du voyage du sieur Lecourt, taupier distingué du département de Seine-et-Oise, qui, sur sa demande, avait consenti à venir faire devant elle un cours expérimental de destruction des taupes, et à former des *élèves,* moyennant une faible indemnité de 600 fr.

Soit insouciance, soit aversion pour les meilleures choses, lorsqu'elles sortent de l'usage et de la routine, très-peu de souscripteurs se sont présentés, et la Société est restée presque seule chargée des frais du déplacement du s^r. Lecourt ; mais l'objet était trop important pour l'agriculture, et la dépense était trop modique en raison des avantages, pour qu'elle hésitât un instant à faire venir cet artiste éclairé ; et les succès brillans qu'il a obtenus, ceux qu'obtiennent encore tous les jours les agriculteurs et les propriétaires qui n'ont pas dédaigné de prendre ses leçons, laissent à la Société la bien douce satisfaction d'avoir rendu en cela un service important au pays.

Je finirai cet article en annonçant que la Société, désirant propager cette utile méthode, a voté une confection de pièges, à ses frais, pour être distribués aux pauvres des campagnes, avec les instructions nécessaires pour s'en servir efficacement.

M. *François Lefebve,* membre correspondant,

que nous avons annoncé dans la dernière séance
publique comme auteur d'un Mémoire sur les
avantages de la culture de la racine d'abondance,
ou betterave champêtre, en a soumis un nouveau
à la Société, dans lequel il rend compte de deux
essais qu'il a exécutés en 1821 et 1822, de la
culture en grand de cette précieuse racine.

, Dans l'un des essais, fait d'après la méthode de
l'abbé de Commerel, la plante fut repiquée ;

Dans l'autre, qui avait été conseillée à M. Lefebve
par quelques agriculteurs voisins, elle fut semée
à demeure.

L'un et l'autre ont également bien réussi ; mais
la dépense du premier a été moins forte ; aussi
M. F⁵. Lefebve n'hésite-t-il pas à le préférer.

Il résulte des calculs exacts que M. Lefebve
établit, dans son mémoire, de ses dépenses et de
ses produits, qu'un demi-arpent de terre semé de
cette racine en 1821, lui a procuré un bénéfice
que la culture d'aucun autre végétal ne saurait
produire.

M. Lefebve entre dans des détails fort intéres-
sans sur les soins à donner à la culture de cette
plante et sur ses usages ; détails que l'étendue de
ce rapport ne me permet pas d'y insérer. Mais cet
estimable agronome, qui travaille autant dans
l'intérêt de l'art que dans le sien propre, annonce

qu'il a distribué lui-même de la graine et même des plantes à ceux de ses voisins qui en ont voulu, qu'il leur a indiqué les moyens, non seulement de les cultiver, mais de les conserver pendant l'hiver.

La Société ne saurait trop recommander aux agriculteurs et aux propriétaires de profiter de la bienveillance de M. Lefebve, et de consacrer une partie de leurs terres à une culture aussi productive.

Elle a, dans cette vue, fait imprimer un extrait du mémoire de M. Lefebve, pour être distribué dans les campagnes du canton.

Les travaux de M. Lefebve ne se sont pas bornés à cultiver la racine d'abondance, et à enseigner aux autres à la cultiver : aucune partie de l'art agricole n'échappe à ses investigations ; et il a encore soumis à la Société des observations sur le dépérissement de la race des chevaux et sur les moyen d'y remédier.

La Société a transmis ces observations à M. le Sous-Préfet, et elle espère parvenir à réaliser les bonnes intentions de M. Lefebve à ce sujet.

Enfin, cet honorable auxiliaire de la Société est l'auteur d'un Mémoire sur les produits agricoles du canton, dont il aura l'honneur de faire lecture dans cette séance.

Tant de soins et de travaux méritaient bien d'être récompensés ; aussi la Société avait-elle déjà accordé, dans sa dernière séance publique, une médaille à M. Lefebve ; et elle a vu avec plaisir qu'elle n'a fait en cela que prévenir la Société d'agriculture de Boulogne qui vient de lui décerner une médaille de vermeil, dans sa séance publique de cette année.

Depuis long-temps la Société sollicitait l'envoi d'un artiste vétérinaire dans ce canton.

Ses vœux ont été enfin accomplis ; et M. Bénard, élève de l'école royale d'Alfort, fixé précédemment à Desvres, vient de céder aux pressantes invitations de plusieurs cultivateurs et membres de la Société, en consentant à venir se fixer à St.-Pierre-lès-Calais. La Société s'occupe en ce moment des démarches à faire pour obtenir en sa faveur le traitement que la loi autorise les communes à lui accorder.

M. Paris, membre de la Société, dont le zèle et les talens agricoles sont avantageusement connus, a présenté un Mémoire sur la maladie des chevaux nommée Etranguillon : une commission a fait un rapport à ce sujet.

Enfin, il n'est personne qui n'ait remarqué, d'après l'impulsion donnée par la Société, l'amélioration de l'agriculture dans le canton de Calais :

les plantations s'y multiplient d'une manière
étonnante, et grand nombre de nos cultivateurs
emploient maintenant dans leurs terres une partie
des fumiers que précédemment ils laissaient enle-
ver pour la Belgique.

2ᵉ. PARTIE.——COMMERCE.

Une commission de la Société a été chargée de
s'entendre avec MM. les délégués du commerce,
pour obtenir la réduction invoquée par M. Delaunay sur l'exportation des lins indigènes : des
représentations ont été faites à ce sujet auprès de
l'administration.

Sans doute ces représentations auront été faites
également par tous les intéressés à la culture du
lin, et le gouvernement en aura senti la justice ;
car les droits d'exportation, fixés par la loi du
budjet de 1816 à 10 francs par 100 kilogrammes
de lin, ont été réduits par celle du 22 juillet 1822
à 25 centimes aussi par 100 kilogrammes.

La Société a à se féliciter d'avoir appuyé, si
elle ne les a pas devancées, les justes réclamations
du commerce de France à ce sujet, et d'avoir
ainsi contribué à leur succès.

C'est aussi depuis la dernière séance publique,
que la Société a obtenu par l'intermédiaire de

M. T. Souville, qui ne cessera jamais de montrer son dévouement au bien public quand l'occasion s'en présentera, l'autorisation nécessaire pour la construction de la baraque du bateau de sauvetage.

L'expérience à déjà prouvé l'utilité de ce bateau. Neuf naufragés ont dû, au commencement de l'année dernière, leur salut au zèle de nos marins et à cette utile embarcation, que les flots n'ont pu submerger. Il était nécessaire de la conserver; et l'on sait pendant combien de temps la Société avait sollicité vainement la faculté de mettre le bateau de sauvetage à l'abri des injures de l'air : sa persévérance a été enfin couronnée d'un succès qui aurait pu se faire moins attendre.

La Société regrette d'avoir à annoncer que, malgré ses vœux et ses démarches, le projet de jonction du canal de St.-Omer à la mer n'est pas plus avancé qu'il y a deux ans, et que peut-être l'on s'en occupe moins qu'alors. Ce travail serait si avantageux au commerce, qu'elle ne se lassera point d'importuner les Autorités de ses réclamations, jusqu'à ce qu'elle obtienne qu'il s'exécute. Le bien s'opère lentement; mais l'on a toujours le droit de l'attendre d'un gouvernement qui fonde sa gloire principale sur la félicité publique.

3ᵉ. PARTIE. — ARTS.

Toutes les sciences se tiennent ; et les arts viennent au secours de l'agriculture et du commerce, comme ils y trouvent des appuis.

Parmi les objets d'arts, l'un des plus utiles sera sans doute la Cascade ou Vanne déversoire que M. *Isaac* l'aîné, ancien membre de la Société, a inventée, et à l'aide de laquelle il procure l'arrosement des terres à différens niveaux, par un moyen aussi simple qu'ingénieux.

Le mémoire dont il a fait hommage à la Société sur ce sujet, a paru mériter la seule médaille d'encouragement que la Société a arrêté d'accorder cette année : en couronnant ce digne citoyen, elle ne fait qu'acquitter envers lui la dette d'une longue reconnaissance, et lui prouver le plaisir qu'elle aurait à le voir revenir au milieu de ses anciens collègues. L'administration des wattringues , qui a déjà rendu et qui rend tous les jours de si grands services à l'agriculture du pays, occupe en ce moment tous les soins de M. *Isaac;* mais en les partageant entre deux institutions également utiles , il en recueillera doublement les fruits.

La Société aime à proclamer les talens qui l'honorent ; et c'est sous ce rapport qu'elle annonce avec plaisir et avec une sorte d'orgueil, que

M. *Arnault* ne borne pas ses travaux aux limites du canton qu'il habite : il a concouru pour un prix proposé par la Société de Médecine de Paris, dans sa séance du 17 avril 1821 ; et il a obtenu la médaille d'or pour le mémoire qu'il a fourni sur la question soumise au concours.

M. *Pirault-Deschaumes*, avocat à Paris, membre correspondant, a fait hommage à la Société d'un poëme de sa composition, intitulé *Voyage à Plombières*.

Si l'on ajoute aux ouvrages que je viens d'énoncer, les vers dont MM. *Hédouin, Burgaud, Mouron-Dessin* et *Spiers* vont faire lecture , on se convaincra de plus en plus que la Société renferme dans son sein tous les élémens propres à remplir honorablement le but de son institution ; et que les sciences, les lettres et les arts ne sont pas plus étrangers à ses membres, que les connaissances agricoles et commerciales.

4ᵉ. PARTIE. — ADMINISTRATION INTÉRIEURE

ET OBJETS DIVERS.

Depuis la dernière séance publique , la Société a eu à regretter, comme nous l'avons dit, la perte de quelques-uns de ses membres qui ont trop cédé à des impulsions étrangères ; mais elle a fait d'un autre côté des acquisitions précieuses. Nous citerons parmi les membres résidans qu'elle s'est aggrégés, MM. *Reisenthel*, négociant à Calais; *Thélu*, propriétaire, et *Bénard*, artiste-vétérinaire; et parmi les membres correspondans, MM. *de Libersart*, consul de France à Riga; *Dupin*, l'un des avocats les plus distingués du barreau de Paris, et *Vaillant* père, propriétaire à Boulogne.

Le besoin de deux établissemens publics se fait sentir de plus en plus à Calais.

Le premier serait un atelier de bienfaisance, au moyen duquel on obtiendrait le double avantage d'extirper la mendicité, et de soustraire la classe pauvre des enfans et des mandians valides à l'oisiveté qui trop souvent les mène au crime.

La Société s'est occupée avec un grand intérêt de cet objet, et elle soumettra à M. le Maire un projet qui lui a été présenté sur ce sujet par M. *Quillacq*, son Président actuel : le zèle de ce magistrat pour le bien public nous est un sûr garant de l'intérêt qu'il prendra à éteindre la mendicité dans cette ville ; et les vues de M. *Quillacq* seront sans doute consultées avec fruit.

Le second établissement que réclame la ville, est celui d'un collége, qui procurerait à peu de frais une éducation soignée à nos enfans, et nous éviterait les dépenses ruineuses et tous les autres inconvéniens des pensions éloignées. Calais a joui pendant long-temps de cet utile établissement, dont la révolution seule l'a privée, comme elle lui a enlevé ses tribunaux et son administration supérieure, vainement réclamés depuis la restauration jusqu'à présent.

Qu'il nous soit permis d'espérer qu'une ville qui partage avec bien peu d'autres le rare avantage d'être restée étrangère aux excès de la révolution, et qui a eu le bonheur de recevoir la première LOUIS LE DÉSIRÉ, à son retour en France, redevra bientôt à la justice du Roi les établissemens dont ses prédécesseurs l'avaient gratifiée, et dont elle a été dépouillée injustement par la violence et par le malheur des temps.

La Société a rendu un grand service à la ville et à l'humanité, en obtenant du gouvernement l'envoi de boîtes pour les naufragés et les noyés.

Depuis long-temps cet objet intéressant, dont le résultat sera de sauver la vie à des malheureux qui pourraient périr faute de secours, comme cela n'est arrivé que trop souvent, était l'objet des méditations de M. *Arnault*, qui avait présenté sur ce sujet un mémoire dont il a été rendu compte à la séance publique de 1821. L'envoi de ces boîtes a été dû à sa louable persévérance ; et c'est ainsi que la Société aimera toujours à répondre à ses détracteurs, par les bienfaits qu'elle procurera à ses concitoyens, toutes les fois qu'elle le pourra.

On connaît trop à Calais l'acte de dévouement du sieur *Louis Fourmentin,* peintre en cette ville, pour qu'il soit besoin d'entrer ici dans un plus grand détail à ce sujet. On sait que dans la tempête du 2 février 1822, il s'est dévoué pour sauver des naufragés au péril de sa vie.

La Société, à qui rien de ce qui est grand et généreux ne saurait être indifférent, a adressé une lettre de félicitation à cet estimable citoyen, digne émule des *Gavet* et des *Mareschal.*

La Société royale et centrale d'agriculture de Paris a envoyé à la Société, par la voie de S. Exc. le Ministre de l'Intérieur, l'état de ses travaux et le programme des sujets de prix qu'elle propose.

Onze prix sont offerts pour 1824, dont dix consistant en des médailles d'or ou d'argent, et le onzième sera double ; l'un de 1,000 f. et l'autre de 500 f., pour des essais comparatifs de culture des plantes les plus propres à fournir des fourrages précoces.

Quatre prix, dont trois doubles, depuis 500 fr. jusqu'à 3,000 fr., sont annoncés pour être décernés en 1825 ;

Quatre pour 1826.

Un pour 1827.

Les personnes qui désireraient connaîtie les sujets et les conditions du concours, peuvent en prendre connaissance aux archives de la Société, chez M. *Quillacq*, Président en exercice.

Enfin, Messieurs, je ne puis mieux terminer cette analyse qu'en annonçant que les finances de la Société, produit de la cotisation volontaire de ses membres et du fonds annuel de 500 fr. voté à titre d'encouragement par le conseil-général du département, sont dans un état assez satisfaisant pour permettre à la Société de décerner des prix dans sa séance publique de l'année prochaine: le programme en sera rendu public incessamment, et annoncera les sujets des prix.

Qu'il me soit permis d'ajouter une seule réflexion : si les travaux dont je viens d'avoir l'honneur de rendre compte, ne sont pas sans utilité ; si la Société, étrangère à la politique., et par la nature de son institution et par son propre réglement qu'elle se fait un devoir de respecter, a bien mérité du gouvernement et du pays ; si la protection de l'administration locale et des administrations supérieures, et la présence dans cette enceinte de l'autorité municipale, déposent suffisamment en faveur de nos actes et de nos principes, n'avons-nous pas le droit d'espérer que les citoyens éclairés et les fonctionnaires publics qui n'ont point encore participé à nos travaux, s'empresseront de s'y associer ; que ceux qui s'en sont éloignés, reviendront prendre leurs places parmi leurs anciens collégues ; et que tous enfin n'éprouveront plus qu'une seule crainte, celle que leurs concitoyens ne leur reprochent justement d'avoir négligé de contribuer de tous les moyens que la nature et leur éducation leur ont donnés, au bien qu'ils pouvaient faire, et auquel leur funeste exemp'e a peut-être empêché beaucoup d'autres de concourir ?

M. *Hédouin*, avocat à Boulogne, membre correspondant, a récité la pièce de vers suivante, dont il est l'auteur, et que la Société a arrêté de transcrire dans son procès-verbal comme un témoignage du plaisir qu'elle a causé à toute l'assemblée.

LA MORT DE SALGAR,

POÈME OSSIANIQUE.

MALTHOS.

Quelle sombre tristesse obscurcit ton visage, Salgar ? Ton père a-t-il perdu le jour ?...

Ou la douce beauté qui reçut ton hommage
A-t-elle été parjure à l'hymen, à l'amour ?...
Quand je quittai ces lieux, tout me semblait sourire
Au bonheur dont l'espoir colorait tes beaux ans ;
  Alors les plus aimables chants
   Faisaient vibrer les cordes de ta lyre ;
  Alors dans le sein des forêts
   Tu poursuivais les daims timides,
   Et tes chiens de butin avides
Remplissaient de leurs cris les monts et les guérêts.
  Bien jeune encor tu désirais la gloire ;
Le chef de nos soldats admirait ton ardeur ;
  Plus d'une fois, ta bouillante valeur
  Sous nos drapeaux a fixé la victoire !...
D'où peut donc provenir l'excès de ton ennui ?
Tu ne me réponds pas !..... L'œil fixé sur la terre,
Tu parais du soleil détester la lumière !...
Dans les bras de Malthos viens chercher un appui !...

SALGAR.

Pourquoi m'interroger, toi, qu'une longue absence
  A su soustraire à nos calamités ?...
Ah ! Pourquoi, sur ces bords sombres, désenchantés,
Viens-tu me demander de rompre le silence ?.....
Malthos, dans l'épaisseur des plus profondes nuits,
Je voudrais à tes yeux dérober notre outrage !...
Sais-tu qu'à supporter un honteux esclavage
Les enfans de Morven sont maintenant réduits ?...
Sais-tu que dans nos champs, au milieu de nos fêtes,
  Tel qu'un torrent dévastateur

Qui détruit à jamais l'espoir du laboureur,
Un farouche étranger a porté sa conquête ?...
Que le vaillant Érin est mort dans les combats,
Et que je dois pleurer mon amante et mon père ?...
Vents orageux du nord, soufflez dans la bruyère,
Et toi, foudre, en grondant annonce mon trépas !...
Dans les palais d'Ull.n, au milieu des nuages,
Je vais vous retrouver, objets de mon amour :
Privé de vos baisers, je déteste le jour....
Du repos il est temps d'aborder les rivages !...

  Qui ? moi, d'un vainqueur irrité
  J'irais implorer la clémence,
  Lorsque dans sa lâche vengeance,
  Il m'a ravi la liberté ?....
  Lorsque sur ma triste patrie
 Je vois planer la honte et les revers ?
 Non, non !... Brisons enfin nos fers :
Plutôt souffrir cent fois la mort que l'infamie ;
 C'est le cri des enfans de la Calédonie ;
Et ce cri répété fait pâlir les pervers !...

Il promène à ces mots ses regards intrépides
  Sur l'Océan majestueux ;
Et se précipitant au sein des flots rapides,
Dans la nuit éternelle il rejoint ses ayeux !...
 Malthos, rempli d'horreur et d'épouvante,
S'élance sur la rive..... Hélas ! Sans nul espoir !...
Son œil cherche un ami ; mais la vague écumante
Ne jeta sur le roc sa dépouille sanglante,
Que lorsque dans les cieux brilla l'astre du soir.
 A sa lueur, Malthos creuse le sable,

Du royaume des morts trop fragile rempart;
   Et d'une voix que la douleur accable,
Chante l'hymne funèbre aux mânes de Salgar :

  » Jeune héros, dans ta couche dernière,
C'est l'amitié qui va te déposer ;
C'est l'amitié, qui, par un doux baiser,
Veut, mais en vain, te rendre à la lumière.
Sur ton beau front les ombres du trépas
Ont remplacé les couleurs de la vie.....
Ainsi souvent la tempête ennemie
Sèche la fleur qui ne renaîtra pas !... »

« Quand le soleil, sur ces hautes montagnes,
Projettera ses rayons lumineux;
Lorsque l'éclair, dans un ciel orageux,
Sillonnera nos arides campagnes;
Pour admirer l'éclair et le soleil,
Tu ne pourras entr'ouvrir ta paupière; ..
Tu dors, Salgar, enchaîné sous la terre
Par une nuit qui n'a pas de réveil !!... »

« Hélas ! Et moi, je survis à ta perte !
Morne et pensif, de deuil enveloppé,
Comme un cyprès que la foudre a frappé,
Me voilà seul sur ta tombe déserte !...
C'est trop céder à mes sombres ennuis :
Ah ! reprenons mon bouclier, ma lance;
Courons! volons, guidé par l'espérance,
Venger Salgar, l'honneur et mon pays !!..... »

M. *François Lefebve*, propriétaire-cultivateur à Coulogne, membre correspondant, donne lecture d'un Mémoire sur les produits agricoles du canton; cette pièce restera déposée aux archives.

M. *Spiers*, membre résident, récite une ode remplie de verve et de patriotisme, sur le dévouement d'*Eustache de St.-Pierre*. Sa modestie lui a fait désirer qu'elle ne fût pas imprimée; mais elle restera dans les archives de la Société comme un monument de la vénération que le nom seul d'Eustache de St.-Pierre inspire aux Calaisiens.

M. *Tetut*, Secrétaire, fait, en remplacement de M. *Arnault,* la lecture d'un extrait du rapport de ce dernier sur un mémoire de M. *Pâris,* relatif à la maladie des chevaux, nommée Etranguillon.

M. *Hédouin* récite la Fable suivante, de la composition de M. *Mouron-Dessin.*

LES ABEILLES ET LE FRELON.

FABLE.

Certain frelon dans un essaim d'abeilles
    Furtivement s'était glissé;
    Il eût d'abord été chassé;
Mais il promit d'opérer des merveilles.
Former la cire et distiller le miel,

Dans une ruche est l'œuvre essentiel ;
Notre frelon, sur ce point très-novice,
Se réservait un bien plus noble office :
   « Je sais, dit-il, de toute fleur
      Epurer la substance,
      Et de son excellence
   Juger soudain et sans labeur.
Prenant à cœur le soin de votre gloire,
Votre intérêt encor vous oblige à me croire ;
Dans les champs émaillés, volant dès le matin,
Chaque abeille au retour m'offrira son butin.
      Mon savoir-faire
      En doit extraire
   Le suc le plus délicieux :
   De ce nectar digne des Dieux,
   Les maîtres de la terre
   Reconnaîtront le prix.
Quant à moi, satisfait du bonheur de vous plaire,
   Je ne veux pas d'autres profits. »
   Il était bien fait pour séduire,
   Ce projet désintéressé :
On accueille l'intrus bien loin de l'éconduire ;
   Bref, du traité l'acte est passé.
Du parasite allé l'insidieuse adresse
De cette république ainsi se rend maîtresse.
   En redoublant d'efforts laborieux,
On vole aux champs, on devient plus avide,
   On s'évertue à livrer au perfide
   La cire d'or et le miel savoureux.
Mais ne se pressant pas de tenir sa promesse,

L'erreur ne put long-temps durer.
Le frelon prompt à s'emparer
Du tribut volontaire offert à sa paresse,
Repaît d'abord son appétit,
Et du butin des sœurs fait une ample pâture.
Ce qui reste il le dénature,
Puis notre fat, d'un ton pédant, leur dit :
« Prenez ce mets, ce manger admirable,
Vous devez le trouver exquis,
Délectable ;
Ainsi que je vous l'ai promis. »
On goûte le nectar..... On le trouve insipide ;
De la honte au dépit le passage est rapide.
Une juste indignation
Prononce la démission
Du quidam. On s'agite ; on siffle, on pousse, on guide
Droit à la porte le fripon.

Que de Frelons nous voyons dans l'histoire,
A leur profit régissant maint état ;
Pour l'honorer, pour rehausser sa gloire,
D'un faux clinquant vanter le vif éclat !

––––––

M. *Burgaud*, Vice-Président, donne lecture
d'un mémoire de M. le Chevalier *Mouron de Caux,*
qui présente les moyens infaillibles de conquérir
pour l'agriculture ces landes stériles, ces terrains

incultes connus dans le Calaisis sous la dénomination de pâtures à joncs. D'heureux essais, des faits positifs, des résultats certains, sont pour l'art agricole le langage le plus persuasif, le plus éloquent, et c'est celui que parle M. *Mouron de Caux:* ce sont les leçons précieuses de l'expérience que donne cet agronome distingué. D'après sa méthode, il n'est aucun marais qu'on ne puisse cultiver et féconder.

La longue stagnation des eaux dans ces terrains bas est la cause efficiente de leur stérilité : elle absorbe la chaleur si nécessaire à la végétation. Faites disparaître la cause, et l'effet cesse. Le moyen est aussi facile dans son exécution, qu'il est simple et peu dispendieux.

Notre agronome divise son terrain en plusieurs portions ou carrés d'un ou de plusieurs arpens, selon que le sol est plus ou moins élevé, plus ou moins inondé. Il entoure chaque carré d'un fossé de huit pieds de largeur sur cinq de profondeur; avec les terres extraites de ces mêmes fossés, il exhausse le terrain qu'il assainit, puisque les eaux qui le couvraient, ne peuvent plus y séjourner. Effectivement, chassées par les terres nouvelles dont le sol est recouvert, elles s'écoulent naturellement dans les fossés qui les environnent. Ce sol alors débarrassé de la surabondance des parties humides, s'échauffe et végète, surtout lorsqu'on ajoute l'action productive des engrais à la force végétative du sol. Pour s'indemniser de la perte du terrain qu'envahissent les fossés, il en enrichit les bords de deux rangées de peupliers carrés blancs. Mille arbres de cette espèce, coupés à tête, fournissent ordinairement, tous les trois ans, pour 350 fr. de touses ou boutures, sujets propres à planter, et en outre cinq ou six cents fagots, produit que ne donnerait pas le terrain occupé par les fossés. Par ce procédé simple, M. *Mouron de Caux*, et à son exemple, des cultivateurs et des propriétaires circonvoisins, ont métamorphosé en pâtures grasses, en riches prairies, des terrains incultes, frappés d'une stérilité absolue, et des marais abandonnés et de nul rapport. Puisse sa méthode être appréciée de plus en plus et se propager en proportion de son utilité !

M. *Hédouin* récite une épitre en vers, de sa composition, sur le genre romantique.

Cette pièce, dans laquelle l'auteur attaque, avec autant d'esprit que de justesse, un genre déplorable qui menace d'envahir le domaine de la littérature, est remplie de sel ; et le débit animé de l'auteur en a fait ressortir avec avantage les beaux vers: elle se trouve imprimée dans le procès-verbal de la séance publique de la Société d'agriculture de Boulogne, de l'année dernière.

M. *Burgaud*, Vice-Président, lit une pièce de vers de sa composition, qu'on pourrait appeler le procès-verbal de la séance.

Voici le texte de cette pièce :

CLOTURE DE LA SÉANCE.

Quand la main froide du temps
A déjà semé sur ma tête
La neige des hivers et la glace des ans ;
Quand je compte au-delà d'onze fois six printemps ;
Puis-je essayer, sur ma musette,
Des accords légers et touchans ?
Puis-je d'une voix indiscrette,
Après tes sons, *Hédouin*, * faire entendre mes chants !
Il faut, pour marcher sur tes traces,

* M. *Hédouin*, avocat, membre honoraire de la Société d'agriculture de Boulogne, est aussi membre correspondant de celle de Calais. Dans les deux pièces en vers que ce littérateur distingué a lues à la séance, il s'est montré vraiment digne de la réputation dont il jouit à tant de titres ; on peut le ranger au nombre des hommes qui ajoutent toujours de l'éclat au pays qu'ils habitent.

Être aimé d'Apollon, être chéri des Grâces,
Je ferais des efforts et des vœux superflus
Pour me monter au ton de ta brillante verve :
    Un front ridé fait fuir Vénus,
    Hédouin, comme il glace Minerve.
Si la rose aux baisers du volage Zéphir,
    S'épanouit belle et charmée ;
    On ne la vit jamais s'ouvrir
    Au souffle glaçant de Borée.
    Bien qu'on chérisse cette fleur,
    Lorsqu'elle est fraîche et demi-close ;
    On ne voit plus s'ouvrir la rose,
    Des ans quand on sent la froideur.
    A mon âge, du romantique !..
Non, comme toi, je hais une faconde étique,
Et ces mots brillantés qui n'offrent aucun sens.
Un style simple et clair et le bon genre antique
    Sont le langage, qu'en tout temps,
Doit aimer la raison, doit parler le bon sens.

Je n'irai pas non plus, follement téméraire,
Sur les pas de Lucain, de Virgile ou d'Homère,
Chanter le dévoûment des héros de Calais ;
De nos aïeux vanter avec *Spiers* * les hauts faits.
On vit le Camoens, même au déclin de l'âge,
Enchanter, il est vrai, les bords rians du Tage :

---

* M. *Spiers*, en célébrant leur héros, devait plaire aux Calaisiens : aussi a-t-il mérité et reçu d'unanimes applaudissemens et pour le choix du sujet et pour la manière dont il l'a traité.

Mais qu'il est peu d'auteurs qui, par d'heureux essais,
Dans un âge avancé, moissonnent des succès !
Pour ces nobles travaux, l'impuissante vieillesse
A trop peu de courage et par trop de faiblesse :
Pour cueillir ces lauriers dans le sacré vallon,
Des Muses il faut être un jeune nourrisson.
Sur le soir de mes ans, qu'ai-je de mieux à faire
Que de vous admirer, applaudir et me taire ?...

Car, envain je voudrais, prenant un autre ton,
Dans un conte imiter le style de *Mouron ;* *
    Comme lui, d'une voix légère,
Passer du grave au doux, du plaisant au sévère.
Pourrais-je, en secouant les grelots de Momus,
Faire la guerre au vice, inspirer les vertus ;
D'un mortel repentant vous peindre la souffrance,
Et rendre au criminel sa première innocence ?
Tu nous offres, *Mouron*, un homme incestueux ;
Mais par son repentir, tu le rends vertueux.
Quand de honteux écarts tu nous traces l'image,
Tu respectes l'oreille et la pudeur du sage :
Dans tes chastes écrits je vois l'ami du bien,
Un homme, un philosophe, enfin un Calaisien.
Je répéterai donc : qu'ai-je de mieux à faire,

* M. *Mouron-D)ssin*, ex-commissaire des guerres, élève distingué de David, s'exerce avec un égal succès sur la peinture, la musique et la poësie. Outre sa fable, il avait communiqué à la Société, et pour être lu à la séance publique, un conte moral en vers, dont le sujet touchant est rendu avec beaucoup d'intérêt.

C'est de ce dernier ouvrage qu'il est ici question.

Que de vous admirer, applaudir et me taire ?

Mais lorsque réunis par l'utile désir
D'éclairer nos hameaux et de les enrichir,
Vous enseignez des champs les immenses ressources;
Que d'un commerce sûr vous nous ouvrez les sources;
Que dans nos froids marais, sur nos arides bords,
Vous montrez au travail le prix de ses efforts;
Et qu'enfin des beaux-arts dirigeant l'influence,
Vous appelez partout une heureuse abondance;
Pourrais-je, quoique âgé, dans un lâche repos,
Voir, sans les partager, vos bienfaisans travaux!...

D'une racine d'abondance,
L'un enrichit nos hameaux;
L'autre anime un désert immense,
Qu'il couvre de moissons, d'arbres, de végétaux.
Sur des montagnes aplanies,
Sur des sables mouvans, de stériles côteaux,
On voit des plaines reverdies,
Où chantent les bergers, où paissent les troupeaux.
Dans ces champs étonnés de leur métamorphose,
Où se traînait la ronce, on voit fleurir la rose.
Sur ce terrain conquis, sur ce sol nouveau né,
Près d'un rustique toit de feuillages orné,
On entend les danses bruyantes,
Qu'animent du plaisir les images riantes,
Les champêtres amours et les folâtres jeux,
Excités, embellis par des mets peu coûteux. *
Dans ce champ vierge encor la nature renferme

* Guinguette vulgairement nommée *Bal à tartes.*

Des trésors de Cérès l'inépuisable germe,
Mais c'est à l'art, guidant des bras laborieux,
Qu'elle aime à prodiguer ses bienfaits précieux.
Ce sable, qui nous choque et qui nous épouvante,
Des efforts de *Mouron* n'a point trompé l'attente :
Le travail, père heureux de la fécondité,
Du sol le plus ingrat dompte l'aridité.
Peu d'hommes ont des droits à vivre dans l'histoire !.
Mais n'est-il pas flatteur d'attacher sa mémoire
A des monts sablonneux qu'on a fertilisés,
A d'incultes terrains plantés, ensemencés?
Nos neveux, recueillant cette douce richesse,
Chaque jour béniront, dans leur juste allégresse,
Le mortel qui, rendant ces domaines féconds,
Au terme de ses jours ne borna point ses dons,
Qui sur eux étendit sa longue bienfaisance,
En faisant d'un désert un foyer d'abondance.
Tes garennes long-temps, laborieux *Mouron*, *

---

* M. *Mouron-Audibert* continue à faire disparaître ces montagnes de sables, à défrîcher, à planter, à fertiliser ces vastes déserts qui longent le rivage de la mer, à l'est du port de Calais. Déjà l'on voit sur ces terrains conquis par la culture s'élever et prospérer une colonie qui compte, outre trois fermes importantes, une quarantaine de maisons et près de deux cents habitans. Il suit en cela l'exemple de son honorable père, qui fit à l'ouest du port une conquête non moins riche, sur des terrains envahis par la mer. Par ses travaux champêtres, M. le Chevalier *Mouron de Caux* se montre digne d'être l'aîné d'une aussi intéressante famille : c'est avec de semblables titres qu'on acquiert des droits incontestables à la reconnaissance de ses concitoyens et à la vraie illustration.

Rappelleront tes soins, ton courage et ton nom.
Les *Salines* jadis avaient rendu ton père
Célèbre dans nos champs, cher aux cultivateurs :
D'Hénuin fertilisé, de St.-Folquin ton frère
Est aujourd'hui le guide, et l'amour et l'honneur.

Thétu, non moins actif, dans ses vastes domaines,*
Transforme un noir cloaque en de claires fontaines;
Il convertit la fange en de féconds terraits;
De stériles marais en fertiles jardins,
Et son art tout puissant, rival de la nature,
Montre aux regards surpris une riche pâture,
Dans des forêts de joncs, où d'impurs animaux
Rampaient, infectaient l'air, attristaient les hameaux.

Où sont-elles ces eaux stagnantes,
Qui croupissaient dans des fossés bourbeux,
Qui couvraient nos marais fangeux,
Et dont les vapeurs malfaisantes
Empoisonnoient tous les lieux d'alentour?
Rien ne peut résister à l'active industrie,
Que guident la constance et la main du génie :
Pour qu'elles ne soient plus, il a suffi d'un jour.
Grâce à ton zèle, *Isâc*,** une onde fraîche et pure,

* Les améliorations en tout genre que M. *Thétu*, maire à Hâmes,
si heureusement secondé par les connaissances peu communes et
l'étonnante activité de Mme. son épouse, opère dans ses nombreux
domaines, ne sont ni moins hardies ni moins précieuses que les
travaux de MM. *Mouron*; de semblables hommes sont les bienfaiteurs des pays qu'ils habitent.

** M. *Isaac* aîné, président du tribunal de commerce, vient
d'introduire l'usage d'une machine hydraulique, à l'aide de laquelle

En filets argentés, roule, tombe et murmure,
Rafraîchit nos vergers, nos prés et nos vallons,
Assainit nos marais, réjouit nos colons.
Ton *déversoir*, donnant une pente facile,
Partout ouvre une issue au fluide docile.
Ce pré, que corrompait le long séjour des eaux,
Ne produit plus de sucs dédaignés des troupeaux;
La santé leur sourit, depuis qu'une eau limpide
A loin d'eux repoussé tout miasme putride.
Les colons malheureux s'abreuvaient de poison;
Ta *cascade* leur donne une saine boisson :

  Il est des ennemis sans nombre
  Des travaux du cultivateur :
  Celui qui conjure dans l'ombre
Est le plus dangereux et le plus destructeur.
Ce petit animal, maladroit, amphibie,
Au poil noir, lisse et doux, au maigre et fin museau,
A l'œil imperceptible, à la patte élargie,
A l'oreille subtile, au délicat réseau,
  Et dont la froide Sibérie
Avec orgueil pourrait montrer la peau,
La taupe, agriculteur, laboure ta prairie,
  Recouvre l'herbe fleurie,
Sillonne tes guérets, et ravage tes champs,
De tes travaux enfin détruit les fruits naissans,

il fait circuler et retient les eaux sur la pente même des terrains
élevés, où elles conservent l'humidité si nécessaire à la végétation,
au moyen de laquelle enfin il donne un courant et de la limpidité
aux eaux stagnantes et marécageuses.

Pour en former sa couche rebondie
Et faire un gîte à ses enfans :
Cultivateur, envain , dans ta juste colère,
Tu la guettes, lui fais une éternelle guerre
Cet animal rusé se rit de ton courroux :
Aisément il rend vains tes efforts et tes peines;
    Et sous ses voûtes souterraines,
Aisément il échappe à ton œil, à tes coups;
En vain tu le poursuis, il lasse ta constance.
Veux-tu mettre en défaut son active prudence,
Détruire de tes champs cet ennemi mortel ?
Pratique les leçons que donne *Reisenthel.* *

    De votre zèle qui m'inspire
    Si j'écoutais les élans généreux ;
Que de choses encor me resteraient à dire !...
    D'où nous viennent ces malheureux ?
    Je vois les pâles Néréides ,
    Au fond de leurs grottes humides,
    Trembler, se cacher et frémir,
    A l'aspect des tristes victimes,

---

* M. *Reisenthel,* négociant, qui a suivi avec autant d'intelligence que d'assiduité les leçons expérimentales de M. *Lecourt,* taupier à Pontoise, a fait un mémoire dans lequel il peint les mœurs, les habitudes des taupes, et indique la manière de les détruire. Une absence forcée ne lui a pas permis de faire lecture de cet ouvrage, dont il sera donné connaissance au public.

C'est aux soins, à l'intelligente activité, aux connaissances agronomiques de cet économiste zélé, qu'on doit la riche tenue de la belle ferme de Mme. V^e. Meurice, qu'on pourrait regarder, à juste titre, comme la ferme expérimentale de nos cantons.

Que de noirs, de profonds abymes
Entraînent et vont engloutir.
Les coups affreux de la tempête
Soulèvent l'humide élément;
L'éclair brille, l'écho répète
Des ondes le mugissement.
Quel est l'audacieux courage,
Qui va s'exposer à la rage
Des vagues, de la foudre et des flots mutinés,
Braver le Dieu des mers et les vents déchaînés?
O bonheur imprévu! Sur une frêle barque,
D'intrépides marins, de braves matelots,
Se riant des ciseaux de l'inflexible Parque,
Présentent un front calme à la fureur des flots.
D'une ardente philantropie
Guidés par le noble transport,
Ils vont, au péril de leur vie,
Sauver des naufragés, les ravir à la mort.
Aux accens déchirans d'une sombre tristesse,
Succèdent tout-à-coup mille cris d'allégresse:
Ces philantropes valeureux
Reviennent triomphans: ils ont comblé nos vœux.
Livrés à la merci d'une tempête horrible,
Forts sur votre bateau sauveur,
Ils ont bravé des mers le courroux inflexible:
Par leur audace, leur valeur,
Ils ont vaincu la mort, en arrachant la proie
Qu'elle attendait dans une atroce joie.
Ces naufragés, soustraits au plus grand des malheurs,

(42)

Embrassent leurs libérateurs, *
Bénissent les mortels, dont le civisme sage
   Sut d'un bateau de *sauvetage*
   Construire l'édifice heureux.
Mes collégues, c'est vous, qui leur sauvez la vie :
Ce vainqueur des autans, bateau miraculeux,
C'est à vous qu'il est dû, c'est à votre industrie :
C'est encore un des fruits de vos soins généreux.

   Mais le savant dépositaire,
L'historien fécond de vos travaux nombreux,
A su les esquisser par des traits dignes d'eux ;
En les rendant, sa plume éloquente et légère
Vient d'ajouter au prix de vos riches essais.
La plume de *Tetut,* en instruisant, sait plaire :
Chaque genre chez vous brille par des succès.

   D'une médaille agronomique, **
Tes champêtres travaux, *Lefebve,* sont ornés ;
   D'une médaille académique,

---

* Durant la tempéte du 5 février 1822, le brick français *la Réunion,* de Marseille, commandé par le capitaine Meyenne, ayant neuf hommes d'équipage à bord, fit naufrage à l'est du port de Calais. Avec le bateau de sauvetage, à la construction duquel, comme membre de la Société, M. *Levoux,* négociant et adjoint au maire de Calais, contribua le plus efficacement, de braves marins parvinrent à sauver tout l'équipage, dont le sort était désespéré. M. *Leveux,* correspondant de ce navire, porte honorablement le nom d'un père, dont la mémoire sera long-temps révérée.

** Dans la séance publique de 1825, la Société d'agriculture de Boulogne, a décerné une médaille en vermeil à M. *Lefebve de la Moëllerage,* cultivateur propriétaire à Coulogne.

Arnaut, je vois aussi tes talens couronnés. *
Le bien se fait partout où brille la lumière;
    Et malgré l'esprit dénigrant,
    De l'envieux, de l'ignorant,
Mes collègues, suivez votre utile carrière;
    Au même but constamment tendez tous,
    Sans prendre garde à la poussière
    Qui tourbillonne autour de vous.
    Imitez et prenez pour guide
    L'honnête homme qui nous préside: *
Au bien de ses égaux consacrant ses destins,
Sa seule passion est l'amour des humains.

    Faire le bien, savoir le taire,
Est la maxime aussi de l'honorable Maire,
Qui sait vous rendre heureux, habitans de Calais,
En fixant parmi vous la justice et la paix.

    Si les fruits de l'agriculture
Sont d'un puissant état les plus riches trésors;
Quand nous forçons la terre à rendre avec usure
Le prix de nos essais, le prix de nos efforts;
Ministres, Magistrats, qu'un regard d'indulgence,
En donnant plus d'essor au bon cultivateur,

* M. *Arnaud,* docteur en médecine, littérateur érudit, vient d'obtenir une médaille d'or au dernier concours de la Société de Médecine de Paris.

* M. *Quillacq,* négociant, est si généralement et si honorablement connu pour sa philantropie, qu'en rendant ce qu'on pense et ce qu'on dit de lui, je choquerais sa modestie, sans rien ajouter à sa réputation.

Ranime son espérance

Et centuple son ardeur.

Encouragez toujours par votre bienveillance

Notre zèle, nos soins, nos modestes travaux :

L'image du bonheur, qu'offriront nos hameaux,

Sera long-temps pour vous la douce récompense

Des bienfaiteurs, de leurs égaux,

Qu'honore le tribut de la reconnaissance.

Amateurs des beaux-arts, érudits et savants,

Qui daignez par votre suffrage

Applaudir notre zèle, échauffer mes accens;

Veuillez accueillir mon hommage,

Je ne l'accorde qu'aux talens,

Qu'aux grâces, qu'aux vertus, qu'aux hommes bienfaisans;

Aussi toujours est-il sincère.

Qui plus que toi mérite notre encens,

Sexe si doux, qui sait aimer et plaire?

Ma reconnaissance jamais

Peut-elle égaler tes bienfaits !...

Je nais, je te dois la naissance;

Tu m'ouvres les portes du jour.

Je dois à ton ardent amour

Les premiers soins de mon enfance;

Ton inquiète surveillance

Ecarte de moi tout danger.

Tu m'apprends à sourire, à parler, à marcher :

De ma bruyante adolescence,

Ta sage et douce bienveillance

Partage les plaisirs, les jeux.

En les embellissant, tu sais combler mes vœux.

A travers une ombre lointaine,
Bientôt tu me fais entrevoir
Un dieu que mon ame incertaine
Désire et craint de recevoir;
Et dans ma fougueuse jeunesse,
Lorsque ce dieu puissant vient d'une folle ivresse
Enflammer mon cœur et mes sens,
Avec quelle indulgente adresse
Tu repousses mes vœux pressans!
Avec quelle délicatesse
Et quelle puissante faiblesse,
En résistant à mes désirs,
Tu fais éclore des plaisirs
Qui n'alarment point la sagesse!...
Devenu digne de ton choix,
A ton cœur seul alors je dois
Des sentimens nouveaux , un noble caractère.
De ta tendresse je reçois
Le nom sacré d'époux , l'auguste nom de père.
Je ne redoute plus les cruels coups du sort:
Que pourroit contre moi leur atteinte ennemie?
Deux cœurs qui ne font qu'un supportent sans effort
Le commun fardeau de la vie.
Les peines, les chagrins sont toujours adoucis,
Quand un être aimé les partage;
Et les plaisirs sont mieux sentis
Par ceux qu'un tendre hymen engage.
Hymen, je sens, dans tes liens
Tout le prix de mon existence ;
Tu me procures les vrais biens,

L'amour, la paix et l'innocence.
En sachant me rendre meilleur,
Sexe aimant, indulgent et sage,
Dans le secret d'un bon ménage
Tu fixes pour moi le bonheur.
Je trouve en toi surtout un ange tutélaire,
Quand les infirmités, les soucis, la misère,
Viennent de mes vieux ans éteindre le flambeau.
Tu m'aides à finir ma pénible carrière,
Quand l'inflexible sort va fermer ma paupière
Dans la nuit longue du tombeau.
N'offrons pas à tes yeux la teinte rembrunie
De ce triste et sombre tableau ;
Dans ton ame sensible, alarmée, attendrie,
Il irait porter la douleur.
Pourrais-je t'affliger, toi, qui fais mon bonheur ?...
Je n'eus, durant le cours d'une assez longue vie,
Comme ces anciens preux, de bon, de franc aloi,
Que cette devise chérie :
Vive, vive ma mie !!!
Vive, vive mon Roi !!!

FIN.